BEI GRIN MACHT SICH IHR WISSEN BEZAHLT

- Wir veröffentlichen Ihre Hausarbeit,
  Bachelor- und Masterarbeit

- Ihr eigenes eBook und Buch -
  weltweit in allen wichtigen Shops

- Verdienen Sie an jedem Verkauf

Jetzt bei www.GRIN.com hochladen und kostenlos publizieren

Simulation und Analyse des Hochsetzstellers unter Verwendung des Simulationsprogramms LTspice®

Kai Stüber

Bibliografische Information der Deutschen Nationalbibliothek:

Die Deutsche Nationalbibliothek verzeichnet diese Publikation in der Deutschen Nationalbibliografie; detaillierte bibliografische Daten sind im Internet über http://dnb.d-nb.de abrufbar.

ISBN: 9783346962072
Dieses Buch ist auch als E-Book erhältlich.

© GRIN Publishing GmbH
Trappentreustraße 1
80339 München

Druck und Bindung: Books on Demand GmbH, Norderstedt Germany
Gedruckt auf säurefreiem Papier aus verantwortungsvollen Quellen

Das Buch bei GRIN: https://www.grin.com/document/1413771

AKAD-University

Elektro- und Informationstechnik (B. Eng.)

Assignment

(Laborbericht)

Simulation und Analyse des Hochsetzstellers unter Verwendung des Simulationsprogramms LTspice®

zu

Modul ELT43

Betreuer: ████████████████

von

Kai Stüber

Inhaltsverzeichnis

Abbildungsverzeichnis

1. Einleitung
1.1. Hintergrund

In der heutigen Zeit ist es beinahe unerlässlich, ohne Netzteile auszukommen. Überall sind sie zu finden, beispielsweise in LED-Leuchten, Handy-Ladegeräten, etc. Dabei gibt es verschiedene Arten von Netzteilen, welche sich in mehreren Aspekten voneinander unterscheiden. Unter einem Netzteil versteht man ein Gerät, welches eine elektrische Spannung wandelt. Als Wandlung gelten sowohl Spannungserhöhung/-minderung, als auch die Umwandlung von Wechsel- zu Gleichspannung und umgekehrt.

Die zwei bekanntesten und verbreitetsten Netzteilarten sind das Trafo- und Schaltnetzteil. Diese zwei Arten unterscheiden sich hauptsächlich in der Komplexität, dem Gewicht, den Störeigenschaften und des Wirkungsgrades. Gerade bei Anforderungen an leichtgewichtige, energiesparende und kostengünstige Netzteile, überwiegt der Nutzen des Schaltnetzteiles. In dieser Arbeit soll sich jedoch lediglich mit dem Hochsetzsteller, einer Unterkategorie des Schaltnetzteiles, befasst werden, welcher eine Gleichspannung in eine höhere Gleichspannung wandelt. Die anderen Netzteilarten werden bewusst ausgeklammert, da dies den Rahmen der Arbeit überschreiten würde.[1]

1.2. Zielsetzung

Das Ziel dieser Arbeit ist es die grundlegende Funktionsweise eines Hochsetzstellers zu hinterfragen. Außerdem sollen mithilfe des Simulationsprogramms LTspice® Versuche durchgeführt und dokumentiert werden, um die Funktionalität der Schaltung unter verschiedenen Bedingungen genauer zu analysieren und eine praxistaugliche Version herauszuarbeiten.

1.3. Vorgehensweise

Zu Beginn werden die Grundbegriffe wie Spannungsquelle, ohmscher Widerstand, Kondensator, Spule, Diode und Bipolartransistor, sowie das Simulationsprogramm LTspice® erklärt. Zur Erreichung des Zieles setzt sich die Arbeit mit den Grundlagen des Hochsetzstellers, sowie seine Übertragungscharakteristik unter verschiedenen Ansteuerungs-Bedingungen auseinander.

---

[1] Vgl. Zach, 2022, S. 921

2. Theoretische Grundlagen

2.1. Spannungsquellen

Spannungsquellen sind Systeme, die eine konstante elektrische Spannung ausgeben, z. B.
Batterien für Gleichspannung oder Steckdosen für Wechselspannung. Sie versorgen elektrische
Geräte mit der benötigten Energie. Darüber hinaus existieren noch viele verschiedene Arten,
welche jedoch auf der Grundlage von Gleich- und Wechselspannung funktionieren. Für Labore
sind sogenannte Funktionsgeneratoren beliebt, welche einen beliebigen Spannungsverlauf am
Ausgang abbilden können. Diese Spannungen werden unter anderem Sinus-, Rechteck oder
Dreieckspannung genannt.[2]

2.2. Ohmscher Widerstand

Der ohmsche Widerstand ist eine besondere Art eines elektrischen Widerstandes. Wie jeder
elektrische Widerstand beschreibt er den Widerstand, den ein Material einem elektrischen
Stromfluss entgegensetzt.

Das Ohmsche Gesetz besagt, dass der Strom **I** in Ampere (A) durch einen ohmschen Widerstand
R in Ohm (Ω) proportional zur angelegten Spannung **U** in Volt (V) ist, und wird durch folgende
Formel ausgedrückt:

$$I = U / R$$

Der ohmsche Widerstand bleibt konstant, solange die Temperatur und andere physikalische
Bedingungen konstant bleiben. Dabei gilt zu beachten, dass in der Praxis kein ohmscher
Widerstand wirklich hundertprozentig proportional ist. Er ist in vielen elektronischen Bauteilen
wie Widerständen und Leitungen vorhanden und spielt außerdem eine wichtige Rolle bei der
Steuerung des Stromflusses und der Leistung in elektrischen Schaltungen.[3]

2.3. Kondensator (Kapazität)

Ein Kondensator ist ein elektrisches Bauelement, das elektrische Ladung speichern kann. Er
besteht grundsätzlich aus zwei leitenden Platten, welche durch ein Isoliermaterial (Dielektrikum)
getrennt voneinander sind. Wenn eine elektrische Spannung angelegt wird, sammeln sich

---

[2] Vgl. Stiny, 2018, S. 142 und S. 236
[3] Vgl. Stiny, 2018, S. 34

Ladungen auf den Platten an, die der Kondensator speichert und bei Bedarf wieder abgibt. Kondensatoren haben wichtige Anwendungen in der Elektronik, wie Energiespeicherung, Signalfilterung und Zeitverzögerungen.

Während bei einem rein ohmschen Widerstand (R) die elektrische Spannung proportional zum Strom ist, verhält sich der sogenannte kapazitive Blindwiderstand eines Kondensators *(Abb .1)* anders. Sein Verhalten hängt von der Frequenz des Wechselstroms ab, da er Kapazität (C) besitzt, die die Fähigkeit zur Ladungsspeicherung beeinflusst.

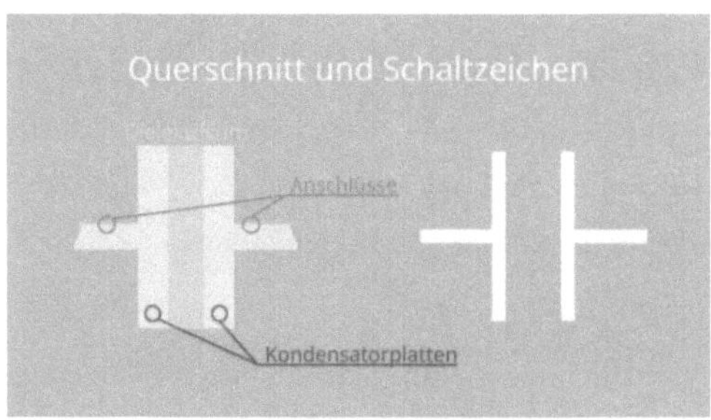

Abbildung 1: Kondensator

Unter Gleichspannung lädt sich der Kondensator auf, bis er vollgeladen ist. Danach blockiert er den Stromfluss und verhält sich wie ein offener Schalter. Die gespeicherte Ladung bleibt so lange in einem sogenannten elektrischen Feld erhalten, bis aufgrund äußerer Ursachen ein Stromfluss zugelassen wird.[4]

2.4. Spule (Induktivität)

Eine Spule ist ein Bauteil, welches ein magnetisches Feld erzeugt, wenn Strom hindurchfließt. Im Grunde kann sie einfach aus einem gewickelten Draht bestehen. Im Gegensatz zum ohmschen Widerstand verhalten sich Spannung und Strom nicht proportional, sondern wie beim Kondensator. Der Unterschied zum Kondensator besteht darin, dass die Spule unter Gleichspannung leitend wird und wie ein geschlossener Schalter wirkt.

Eine besondere Eigenschaft von Spulen ist, dass sie bei einer plötzlichen Unterbrechung des Stromflusses eine hohe Spannung erzeugen können. Wenn der Stromfluss in einer Spule abrupt

---

[4] Vgl. Stiny, 2018, S. 79-88

unterbrochen wird, beispielsweise durch das Ausschalten eines Schalters, neigt die Spule dazu, die Flussänderung des Stroms zu verhindern. Dabei erzeugt sie eine Spannung, welche entgegengesetzt zur ursprünglichen Stromrichtung ist. Diese Spannung kann sehr hoch sein und potenziell schädlich für elektronische Bauteile oder Schaltkreise sein. In dem Fall des Hochsetzstellers ist jedoch genau diese Eigenschaft von Nutzen.[5]

2.5. Diode

Dioden gehören zu den sogenannten Halbleiterbauelementen, welche durch bestimmte Prozesse so bearbeitet wurden, dass sie beliebige Eigenschaften bzgl. ihrem Stromfluss-Verhalten in Abhängigkeit von der Spannung besitzen. Bekannte Dioden sind z.B. LEDs (Leuchtdioden), welche nebenbei noch Licht emittieren. In dieser Arbeit soll sich jedoch lediglich mit Standard-Dioden *(Abb. 2)* beschäftigt werden, welche den elektrischen Strom nur in eine Richtung (von Anode zu Kathode) fließen lassen. Deshalb werden sie auch umgangssprachlich als „elektrisches Ventil" bezeichnet.[6]

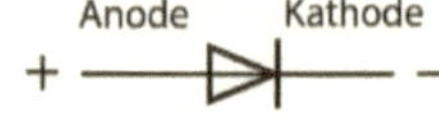

Abbildung 2: Diode

2.6. Bipolartransistor

Ein Bipolartransistor ist ein halbleitendes Bauelement, das hauptsächlich als Verstärker und Schalter verwendet wird. Er kann elektrischen Strom verstärken und steuern, was ihn zu einem grundlegenden Bestandteil elektronischer Geräte macht. Transistoren haben die Elektronik revolutioniert und sind heute in nahezu allen elektronischen Geräten vorhanden, von Computern bis hin zu Smartphones. Für den Hochsetzsteller wird er jedoch lediglich in seiner Funktion als „elektronischer Schalter" verwendet. Es gibt zwei Arten von Transistoren, den NPN und den PNP-Transistor. Sie unterscheiden sich lediglich in ihrem inneren Aufbau und sind für verschiedene Einsatzzwecke geeignet. In dieser Arbeit wird sich jedoch nur mit dem NPN-Transistor *(Abb. 3)* beschäftigt.[7]

---

[5] Vgl. Stiny, 2018, S. 96-109
[6] Vgl. Stiny, 2018, S. 16-21
[7] Vgl. Paul & Paul, 2022, S. 216-221

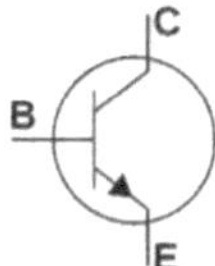

Abbildung 3: NPN-Transistor

Der NPN-Transistor besitzt drei Anschlüsse. Kollektor (C), Basis (B) und Emitter (E). Beim Anlegen einer positiven Spannung an Basis und Kollektor gegenüber dem Emitter fließt ein Strom vom Kollektor zum Emitter. Liegt keine Spannung an der Basis an, bzw. eine niedrigere als am Emitter, so fließt kein Strom. So kann der Transistor als Schalter verwendet werden.[8]

2.7. Das Simulationsprogramm LTspice®

Unter einem Simulationsprogramm in der Elektrotechnik versteht man eine Software, die es ermöglicht das Verhalten elektronischer Schaltungen zu analysieren und zu testen, z.B. bevor mit dem praktischen Aufbau begonnen wird. Es können elektronische Schaltungen auf der Grundlage mathematischer Modelle und physikalischer Gesetze modelliert werden. Die Modelle umfassen die charakteristischen Eigenschaften der elektronischen Bauteile wie Widerstände, Kondensatoren, Spulen, Dioden, Transistoren und viele mehr.

Der große Vorteil von LTspice ist im Besonderen, dass Bauteile mit vielen optionalen Parametern versehen werden können und somit Schaltungen ziemlich realitätsgetreu in einer Simulation dargestellt werden.[9]

Es können verschiedene Aspekte einer Schaltung untersucht werden, wie z.B.[10]:

- <u>Signalverhalten:</u> Wie sich die Spannungen und Ströme in der Schaltung mit der Zeit ändern.
- <u>Frequenzverhalten:</u> Wie die Schaltung auf verschiedene Frequenzen reagiert, insbesondere bei Filtern und Oszillatoren.
- <u>Stabilität:</u> Ob die Schaltung in der Lage ist, stabil zu bleiben und nicht unerwünschte Schwingungen zu erzeugen.

---

[8] Vgl. Stiny, 2018, S. 537
[9] Vgl. Kraus, 2023, S. 9
[10] Vgl. Kraus, 2023, S. 10-23

- <u>Verluste und Wirkungsgrade:</u> Wie viel Energie in der Schaltung „verloren" geht, bzw. in Wärme o.ä. umgewandelt wird, und wie effizient sie arbeitet.

Die Simulation bietet die Möglichkeit Schaltungen zu optimieren, Fehler zu finden, Designprobleme zu beheben und die Leistung zu verbessern, bevor physische Prototypen gebaut werden. Dies spart Zeit, Kosten und reduziert das Risiko von Fehlern während der Fertigung. Schaltungssimulationsprogramme sind daher wichtige Werkzeuge für die elektronische Entwicklung und ermöglichen es, anspruchsvolle elektronische Systeme effizient und zuverlässig zu gestalten.

Das Programm lässt sich grundsätzlich in fünf Bereiche unterteilen. LTspice verfügt über eine übersichtliche und leicht zu bedienende Benutzeroberfläche *(Abb.4)*. Die Hauptfenster enthalten das Schaltungsdesign (Schaltplan), die Simulationssteuerung, die Anzeige der Simulationsergebnisse, sowie weitere verschiedene Menüs und Symbolleisten.

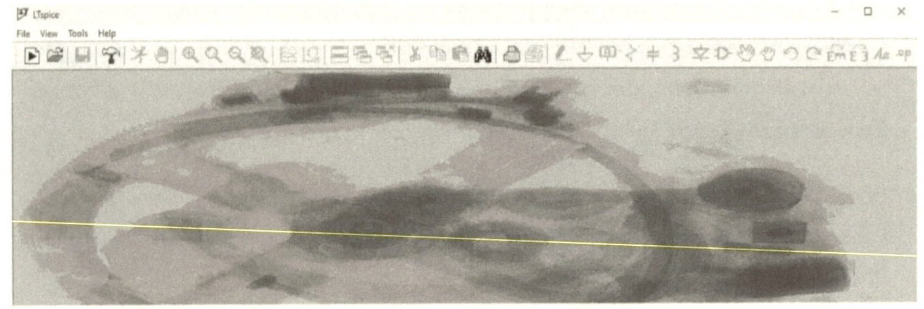

Abbildung 4: Benutzeroberfläche

Über die Benutzeroberfläche kann der Schaltplaneditor *(Abb. 5)* geöffnet werden. Hier können elektronischen Schaltungen grafisch entworfen werden, indem die Komponenten aus der umfangreichen Bibliothek gezogen und miteinander verbunden werden. Die Bibliothek enthält eine Vielzahl von Bauteilen wie z.B. Widerstände, Kondensatoren, Spulen, Dioden und Transistoren.[11]

---

[11] Vgl. Kraus, 2023, S. 9

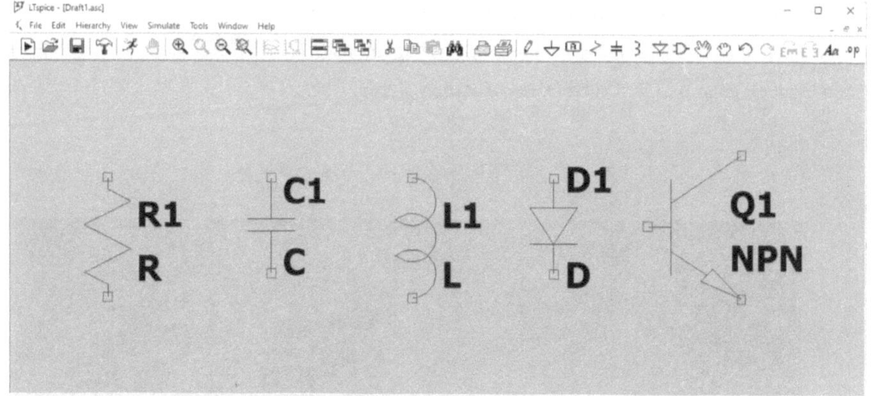

Abbildung 5: Schaltplaneditor mit Beispiel-Bauteilen

Über das Menü "Simulate" können Simulationen durchgeführt werden. Dabei besteht die Möglichkeit, verschiedene Arten zu wählen. Für die Analyse des Verhaltens einer Schaltung und seiner Übertragungscharakteristik, reicht es den Modus „Transient" zu wählen, welcher vorübergehenden Vorgänge bzw. Änderungen im Ausgangssignal eines Systems gut erfassen kann.[12]

Abbildung 6: Simulationssteuerung

---

[12] Vgl. Kraus, 2023, S. 11

Nach Abschluss einer Simulation lassen sich die Ergebnisse in verschiedenen Diagrammen anzeigen, z.B. in Form eines Spannungs-Zeit-Diagramms *(Abb. 7)*. Dabei kann die Darstellung individuell angepasst und auch Daten exportiert werden.[13]

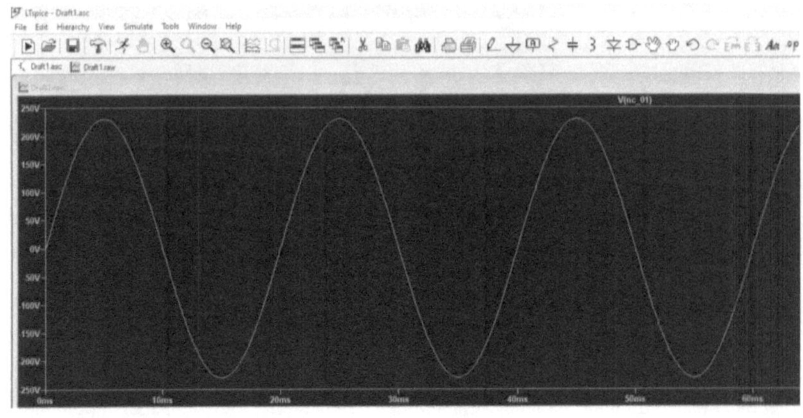

Abbildung 7: Ergebnisanzeige

3. Simulation
3.1. Entwicklung der Schaltung

Um die Schaltung eines Hochsetzsteller zu realisieren, bedarf es einiger Schritte. Grundsätzlich ist die Frage, was für Bauteile benötigt werden, um die Funktion eines Hochsetzstellers zu gewährleisten. Um eine Gleichspannung auf der Eingangsseite in eine höhere Gleichspannung an der Ausgangsseite zu wandeln, bedarf es eines Energiespeichers. Außerdem muss eine höhere Spannung „erzeugt" werden, was mithilfe einer Spule erreicht werden kann. Wie bereits erwähnt besitzt eine Spule die Eigenschaft, dass eine abrupte Änderung des elektrischen Stromflusses eine Änderung des Magnetfeldes zur Folge hat, was wiederum die sogenannte Selbstinduktionsspannung erzeugt. Diese Spannung *(über L1 in Abb. 8)* kann um einiges höher als die Eingangsspannung *(V1 in Abb. 8)* sein, was gezielt für den Hochsetzsteller ausgenutzt wird.[14]

---

[13] Vgl. Kraus, 2023, S. 12
[14] Vgl. Zach, 2022, S. 948

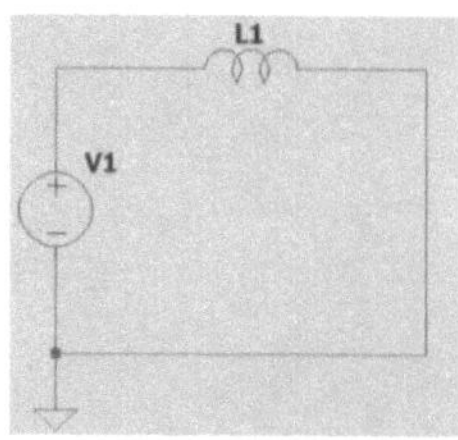

Abbildung 8: Spule an Gleichspannung

Der nächste Schritt ist es, den Stromfluss durch die Spule L1 gezielt ein-/ausschalten zu können, um den besagten Effekt auszunutzen. Dafür eignen sich verschiedene Bauteile, z.B. ein mechanischer Schalter, ein Bipolartransistor und weitere, auf die in dieser Arbeit jedoch nicht eingegangen werden soll. Aufgrund der Einfachheit wird sich für den Bipolartransistor entschieden *(Q1 in Abb. 9)*

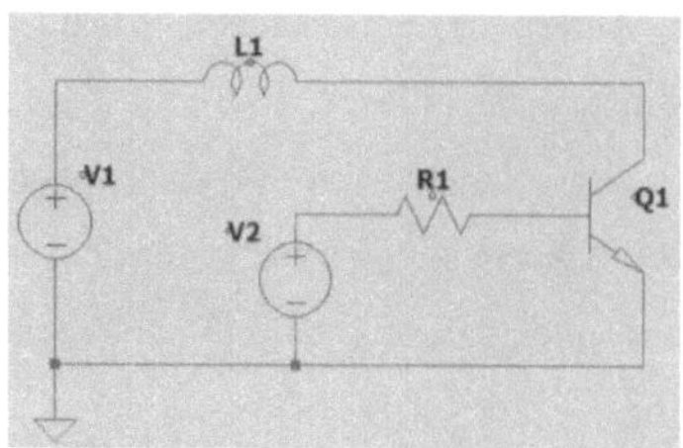

Abbildung 9: Transistor mit Spannungsquelle

Es wird noch eine Spannungsquelle V2 für die Steuerung des Transistors ergänzt. Zusätzlich wird noch ein ohmscher Widerstand R1 vor die Basis des Transistors geschaltet, um ihn vor zu großen Basisströmen zu schützen. Da die Spannung über Q1 nun jedoch noch sehr unregelmäßig ist, aufgrund der Schaltvorgänge, muss diese noch geglättet werden. Dies kann mithilfe eines Kondensators geschehen *(C1 in Abb. 10)*. Es muss noch verhindert werden, dass die Ladung aus dem Kondensator wieder einen Stromfluss zurück zur Spule, bzw. durch den Transistor bewirkt, wenn dieser geschalten ist. Dies kann durch mithilfe der Diode D1 verhindert werden. Des Weiteren wird noch ein Lastwiderstand R2 ergänzt, welcher eine Last am Ausgang darstellen soll. Dieser bewirkt außerdem auch, dass die Ausgangsspannung nicht ins unermessliche, bzw. so weit ansteigt, bis ein Bauteil Schaden nimmt.

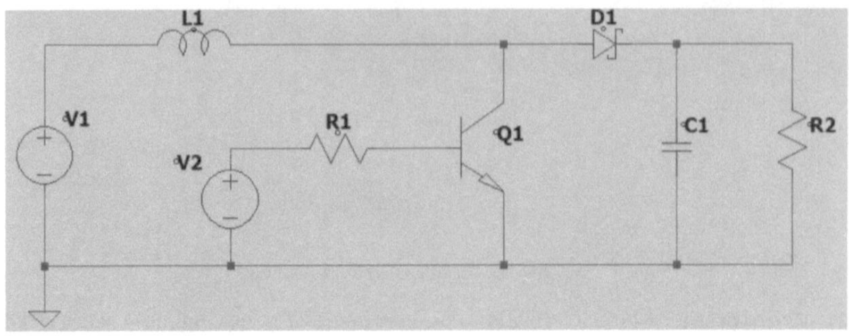

Abbildung 10: Kondensator mit Diode und Lastwiderstand

3.2.Festlegung der Bauteilwerte

Die Bauteile müssen je nach Anwendung entsprechend gewählt werden. In dieser Schaltung soll von einer Gleichspannung am Eingang (*V1 in Abb. 10*) von 5V ausgegangen werden. Das Ziel soll es sein, daraus eine Ausgangsspannung von 24V zu generieren. Dies ist eine realistische Forderung, welche in der Praxis Verwendung finden kann. Z.B. um mit einem Mikrocontroller, welcher mit 5V versorgt wird, eine Spannung von 24V auszugeben.

Die Spannungsquelle am Eingang stellt eine ideale Gleichspannungsquelle mit einem Wert von 5V dar. In der Praxis gilt zu beachten, dass keine ideale Spannungsquelle existiert und immer parasitäre Widerstände etc. wirken. Eine mögliche Annäherung in LTspice wäre die Ergänzung eines Innenwiderstandes.[15]

Danach soll eine gewöhnliche Spule mit einer Induktivität von 1mH gewählt werden. Hier eignet sich die SRR6028-102Y *(siehe Anhang 1)*. Sie weist außerdem einen ohmschen Widerstand von 7 Ohm auf. Als Transistor eignet sich der NPN-Transistor 2N3904 *(siehe Anhang 2)*. Er weißt eine maximale Sperrspannung von 40V, sowie einen möglichen Kollektorstrom von 0,2A auf. Laut Datenblatt eignet er sich gut für hohe Schaltfrequenzen. Als Basiswiderstand wird ein 6,8kΩ Widerstand gewählt. Die Spannungsquelle V2 wird so konfiguriert, dass sie ein Rechtecksignal mit definierbarem Pausen-Impuls-Verhältnis ausgibt, wobei die Frequenz 100kHz beträgt. Sie soll eine maximale Spannung von 10V bei Impuls ausgeben. Wichtig zu

---

[15] Vgl. Stiny, 2018, S. 142 und S. 236

beachten ist noch, dass der Strom durch den Transistor begrenzt werden muss. Dies kann mithilfe eines vorgeschalteten Widerstands umgesetzt werden. Dafür wird R3 mit 50Ω eingesetzt. Dies führt zu einem maximalen Basisstrom am Transistor von[16]:

$$I_{Bmax} = \frac{\hat{U}_{V2} - U_{BEsat}}{R_1} = \frac{10V - 0,65}{6,8k\Omega} = \mathbf{1,38mA}$$

Der Transistor schaltet und der maximale Kollektorstrom beträgt somit:

$$I_{Cmax} = \frac{U_{V1} - U_{L1} - U_{CEsat}}{R_3} = \frac{5V - (\frac{4,5\Omega}{54,5\Omega} * (5V - 0,2V)) - 0,2V}{50\Omega} = \mathbf{88,07mA}$$

Als Diode wird die Schottky-Diode B560C *(siehe Anhang 3)* verwendet. Ihr Vorteil ist, dass sie sehr kurze Schaltzeiten und eine maximale Durchlassspannung von 0,55V besitzt.[17]

Für den Kondensator C1 am Ausgang wird ein Keramikkondensator von Würth, der WCAP-CSGP *(siehe Anhang 4)* verwendet. Er besitzt eine Kapazität von 1µF und eine Nennspannung von 25V. Für die Last R2 wird pauschal ein 10kΩ-Widerstand gewählt.

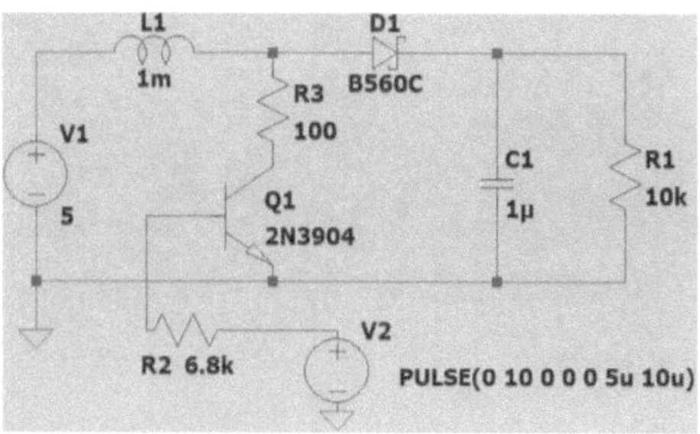

Abbildung 11: Fertige Schaltung

---

[16] Vgl. Zach, 2022, S. 2073
[17] Vgl. Zach, 2022, S. 639

3.3. Übertragungscharakteristik

Bei einem Pausen-Impuls-Verhältnis von 0,6 (6µs Impuls und 4µs Pause bei 10µs Periodenlänge) stellt sich eine Ausgangsspannung von ca. 24V ein *(Abb. 12)*.[18] Beispielsweise beträgt die Ausgangsspannung bei einem Verhältnis von 0,75 in etwa 26,45V und bei 0,25 in etwa 15,6V.

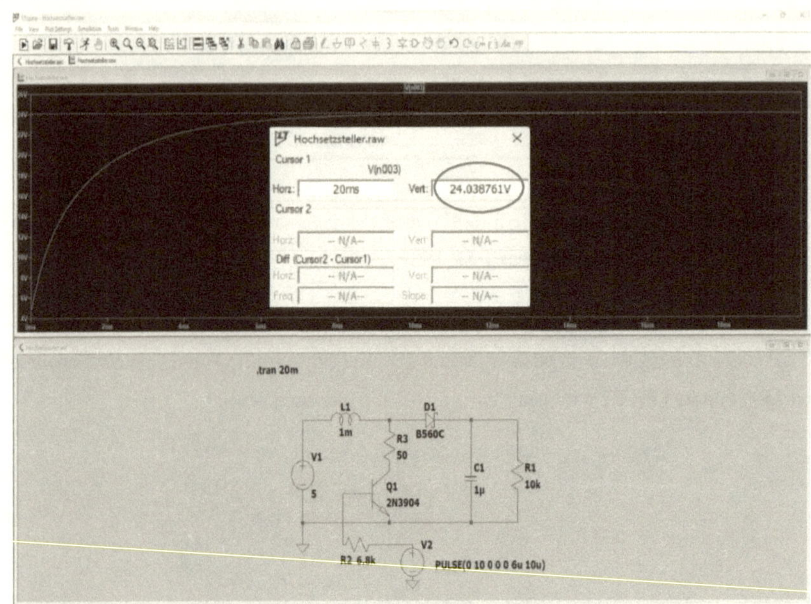

Abbildung 12: Ausgangsspannung 24V bei Tastgrad 0,6

4. Schlussbetrachtungen

Die Simulation bestätigt die Funktionalität der Schaltung eines Hochsetzstellers. Jedoch sollte grundsätzlich immer bevor mit der Serienanfertigung begonnen wird, noch ein Prototyp gebaut werden. Simulationen können zwar nahe an der Realität liegen, aber trotzdem sind Fehler nicht ausgeschlossen. Die Ansteuerung des Transistors Q1 mit der Spannungsquelle V2 kann theoretisch auch durch einen Mikrocontroller übernommen werden. So könnte sogar eine variable Ausgangsspannung mithilfe von Software eingestellt werden.

---

[18] Vgl. Specovius, 2020, S. 54

5. Literaturverzeichnis

Kraus, G. (1. August 2023). *LTSpice 17 Tutorial*. Von Gunthard Kraus: http://www.gunthard-kraus.de/LTSwitcherCAD/LTSpice%20XVII%20_Tutorial_korr.pdf abgerufen

Paul, S., & Paul, R. (2022). *Grundlagen der Elektrotechnik und Elektronik 1*. Hamburg, Deutschland: Springer Vieweg.

Specovius, J. (2020). *Grundkurs Leistungselektronik*. Berlin, Deutschland: Springer Vieweg.

Stiny, L. (2018). *Grundwissen Elektrotechnik und Elektronik*. Haag a. d. Amper, Deutschland: Springer Vieweg.

Zach, F. (2022). *Leistungselektronik*. Wien, Österreich: Springer Vieweg.